# MÉMOIRE

## DE F. A. MESMER,

### DOCTEUR EN MÉDECINE,

### SUR SES DÉCOUVERTES.

# MÉMOIRE
# DE F. A. MESMER,
## DOCTEUR EN MÉDECINE,
## SUR SES DÉCOUVERTES.

---

*Multa renascentur quæ jam cecidere, cadent que*
*Quæ nunc sunt in honore. . . . . . . . .*

HORACE.

---

A PARIS,

Chez FUCHS, libraire, rue des Mathurins ;
Maison Cluny.

---

De l'Imprimerie de LESGUILLIEZ, frères, rue de
la Harpe, n° 151.

AN VII.

# AVANT-PROPOS.

L'HISTOIRE offre peu d'exemples d'une découverte, qui malgré son importance ait éprouvé autant de difficulté à s'établir et à s'accréditer, que celle d'un agent sur les nerfs, agent inconnu jusqu'ici, et que je nomme *magnétisme animal*.

L'opiniâtreté avec laquelle

on s'est opposé aux progrès de l'opinion naissante sur cette nouvelle méthode de guérir, m'a fait faire des efforts pour rectifier et pour embrasser dans un systême une grande partie des connoissances physiques.

Avant de produire ce systême, dans lequel j'ai tâché de rapprocher et d'enchaîner les principes qui le composent, j'ai cru devoir donner

dans un mémoire prélimi-
naire, une idée juste et précise de son objet, de l'étendue de son utilité et détruire
les erreurs et les préjugés
auxquels il a pu donner lieu.

Je présenterai une théorie
aussi simple que nouvelle des
maladies, de leur marche, et
de leur développement, et
je substituerai une pratique
également simple, générale,
et prise dans la nature, aux

principes incertains, qui jusqu'à présent ont servi de règle à la médecine.

La plupart des propriétés de la matière organisée, tels que la cohésion, l'élasticité, la gravité, le feu, la lumière, l'électricité, l'irritabilité animale, qui jusqu'à présent ont été regardées comme des qualités *occultes*, seront expliquées par mes principes et leur mécanisme mis en évidence.

Je me flatte d'avoir jeté un nouveau jour sur la théorie des sens et de l'instinct. Par le moyen de cette théorie, j'ai essayé d'expliquer plus parfaitement les phénomènes aussi variés qu'étonnans de l'état appellé *somnambulisme*, qui n'est autre chose qu'un développement critique de certaines maladies : l'histoire de la médecine en rapporte un si grand nombre d'exemples, qu'on ne peut pas douter que ces phénomènes n'ayent toujours paru un sujet d'observations intéressantes pour les gens de l'art : et je puis moi-même affirmer aujourd'hui, que toutes les nuances d'aliénations de l'esprit, appartiennent à cette crise extraordinaire.

C'est elle qui produit les apparitions merveilleuses,

les extases, les visions inexplicables, sources de tant d'erreurs et d'opinions absurdes. On sent combien l'obscurité même qui couvroit de tels phénomènes, jointe à l'ignorance de la multitude, a dû favoriser l'établissement des préjugés religieux et politiques de tous les peuples.

J'espère que ma théorie préviendra désormais ces in-

terprétations qui produisi-
rent et alimentèrent la superstition et le fanatisme, et
empêchera surtout que ceux
qui, soit par un accident
subit ou par des maladies
aggravées, ont le malheur
de tomber dans le somnam-
bulisme, ne soient abandon-
nés par l'art, et retranchés
de la société comme incura-
bles ; car j'ai la certitude
que les états les plus ef-

frayans, tels que la folie, l'épilepsie et la plupart des convulsions sont le plus souvent les funestes effets de l'ignorance du phénomène dont je parle, et de l'impuissance des moyens employés par la médecine ; que presque dans tous les cas ces maladies ne sont que des crises inconnues et dégénérées; qu'il est enfin peu de circonstances où on ne puisse les prévenir et les guérir.

J'ai la confiance que des principes dont les conséquences sont si importantes, ne seront jugés ni sur des préventions , ni sur des productions prématurées ( 1 ),

_____

(1) Les imitateurs de ma méthode de guérir , pour l'avoir trop légèrement exposée à la curiosité et à la contra-diction , ont donné lieu à beaucoup de préventions contre elle. Depuis cette

non plus que sur des frag-
mens et des contrefaçons
qui ont été publiées sans
mon aveu : moins encore
d'après le rapport de ceux
qui, obsédés de préjugés, ont

---

époque on a confondu le somnambulisme avec le magnétisme, et par un
zèle irréfléchi, par un enthousiasme exagéré, on a voulu constater la réalité
de l'un par les effets surprenans de
l'autre. Le mémoire qu'on va lire a, en
partie, pour objet de détromper d'une
pareille erreur.

donné leurs propres lumières pour la mesure des connoissances *possibles*. Si d'ailleurs malgré tous mes efforts, je ne suis pas assez heureux pour éclairer mes contemporains sur leurs propres intérêts, j'aurai du moins la satisfaction intime d'avoir rempli ma tâche envers la société.

# MÉMOIRE

## DE F. A. MESMER,

### DOCTEUR EN MÉDECINE,

### SUR SES DÉCOUVERTES.

LA philosophie est parvenue dans ce siècle, à triompher des préjugés et de la superstition : c'est par le ridicule surtout qu'elle a réussi à éteindre les buchers que le fanatisme, trop crédule, avoit allumés , parceque le ridicule est l'arme à laquelle l'amour-propre sait le moins résister. Si l'opinion élevoit autrefois le courage jusqu'à faire braver le martyre, tandis qu'aujourd'hui on ne peut supporter le moindre ridicule ; c'est que l'amour - propre mettoit alors toute sa gloire dans la *force* de la résistance , et qu'à présent il craindroit l'humiliation d'une crédulité qu'on taxeroit de *foiblesse*. Le ridicule seroit sans doute le meilleur moyen de réformer les opinions , si toutefois il n'avoit que l'erreur pour objet ; mais, par un zéle exagéré pour les progrès de la philosophie, on abusa trop souvent de ce moyen : les vérités les plus utiles furent méconnues, confondues avec les erreurs et sacrifiées avec elles.

Les égaremens de la superstition n'empêchèrent pas autrefois de reconnoître des faits surprenans, dont le défaut de lumières ne permettoit pas d'appercevoir les causes ; on ne dédaignoit pas de constater ces faits avec une attention proportionnée à leur importance ; et si l'on se trompoit sur les *principes*, on n'avoit au moins aucun doute sur les *effets* : aujourd'hui on se refuse à l'examen et à la vérification des faits, de sorte qu'on est réduit à ignorer autant les effets que les causes.

Lors même que certaines vérités, en raison de leur vétusté et de l'abus de l'esprit humain, sont tellement défigurées qu'elles se trouvent confondues avec les erreurs les plus absurdes, ces vérités n'ont pas perdu pour cela le droit de reparoître au grand jour pour le bonheur des hommes ; j'ose dire même que c'est une obligation pour ceux qui par leurs connoissances

prétendent à l'estime publique , de
rechercher ces vérités pour les dégager des ténebres et des préjugés qui
les enveloppent encore , au lieu de se
retrancher dans une incrédulité fu-
neste aux progrès de la science.

J'ai annoncé , par le mémoire que
j'ai publié l'an 1779, sur la découverte
du magnetisme animal , les réflexions
que j'avois faites depuis plusieurs années sur l'universalité de certaines opinions populaires , qui , selon moi , étoient
les résultats d'observations les plus générales et les plus constantes.

Je disois à ce sujet que je m'étois
imposé la tâche de rechercher ce que
les anciennes erreurs pouvoient renfermer d'utile et de vrai ; et j'ai cru

pouvoir avancer *que parmi les opinions vulgaires de tous les tems, qui n'ont pas leur principe dans le cœur humain, il en étoit peu, quelques ridicules et même extravagantes qu'elles paroissent, qui ne pussent être considérées comme le reste d'une vérité primitivement reconnue.*

Mon premier objet fut de méditer sur ce qui pouvoit avoir donné lieu à des opinions absurdes, suivant lesquelles les destinées des hommes, ainsi que les événemens de la nature, étoient regardés comme soumis aux constellations et aux différentes positions que les astres avoient entre eux.

Un vaste systême des influences ou des rapports qui lient tous les êtres, les

loix mécaniques et même le mécanisme
des loix de la nature, ont été les résultats de mes méditations et de mes re-
cherches.

J'ose me flatter que les découvertes
que j'ai faites, et qui sont le sujet de cet
ouvrage, reculeront les bornes de notre
savoir en physique, autant que l'invention des microscopes et des télescopes
l'a fait par rapport aux tems qui nous
ont précédés. Elles feront connoître
que la conservation de l'homme, ainsi
que son existence, sont fondées sur
les loix générales de la nature; que
*l'homme possède* des propriétés analogues à celles de l'aimant; qu'il est
doué d'une sensibilité, par laquelle il
peut être en rapport avec les êtres
qui l'environnent, même les plus éloi-

gnés ; et qu'il est susceptible de se charger d'un *ton* de mouvement (1) ; qu'il peut, à *l'instar du feu*, communiquer à d'autres corps animés et inanimés; que ce mouvement peut être propagé , concentré, réfléchi comme la lumière, et communiqué par le son ; qu'enfin le principe de cette action, considéré comme un agent sur la substance intime des nerfs du corps animal, peut devenir UN MOYEN DE GUÉRIR ET MÊME DE SE PRÉSERVER DES MALADIES.

Je suis parvenu à reconnoître la cause immédiate de l'important phénomène du mouvement alternatif que nous offre

---

(1) J'entends par *ton* un mode particulier et déterminé du mouvement qu'ont entre elles les particules qui constituent le fluide.

l'Océan : je suis convaincu que l'action de cette même cause ne se borne pas à cet élément, mais qu'elle s'étend sur toutes les parties constitutives de notre globe ; que cette action, en déterminant ce que j'appelle l'*intension* (1) et la *rémission* alternatives des propriétés de la matière organisée, anime et vivifie tout ce qui existe ; et qu'enfin cette action, la plus universelle, est au monde ce que les deux actes de la respiration sont à l'économie animale.

---

1) J'entends par les mots *intension* et *rémission*, l'augmentation et la diminution de la propriété ou de la faculté, ce qu'il ne faut pas confondre avec l'*intensité*, qui exprime l'effet de cette propriété ou faculté même.

Voilà en substance les principales découvertes, que j'annonce depuis 25 ans,
sous la dénomination de *magnétisme
animal*, dénomination pleinement jus-
tifiée par la nature de la chose.

La singularité de cette nouveauté,
révolta d'abord en Allemagne les physiciens et les médecins, les électri-
seurs, et les gens qui manioient l'aimant. On accueillit avec dédain les premières annonces faites par un homme
encore ignoré parmi eux. On contesta la
possibilité des phénomènes, comme étant
contraires aux principes reçus en physique. Au lieu d'amuser la curiosité, je
m'empressai d'arriver au point de les
rendre utiles, et ce ne fut que par les
faits que je voulus convaincre.

Les premières guérisons obtenues sur

quelques malades regardés comme in-
curables , suscitèrent l'envie et pro-
duisirent même l'ingratitude, qui se réu-
nirent pour répandre des préventions
contre ma méthode de guérir ; en sorte
que beaucoup de savans se liguèrent
pour faire tomber, sinon dans l'oubli,
du moins dans le mépris, les ouvertures
que je fis sur cet objet : on cria par-tout
à l'imposture.

En France, où la nation est plus éclai-
rée et moins indifférente pour les nouvelles connoissances, je n'ai pas laissé que
d'éprouver des contrariétés de toute espèce, et des persécutions que mes com-
patriotes m'avoient préparées de longue main ; mais qui, loin de me décou-
rager, ne firent que redoubler mes efforts pour le triomphe des vérités que

je regardois comme essentielles au bonheur des hommes.

Un grand nombre de malades qui, pendant 10 à 12 années consécutives, avoient éprouvé les effets salutaires de cette méthode, et des personnes instruites qui se livroient à cette pratique bienfaisante, me rendirent une justice entière. Mais quelques savans de ce pays, faisant profession de gouverner l'opinion, se sont, pour ainsi dire, coalisés avec les étrangers, pour mettre au nombre des illusions, tout ce qui se présentoit en faveur de cet objet : l'autorité de leur renommée fortifia la prévention.

Un ministre du règne passé, abusa de toute sa puissance pour détruire l'opinion naissante. Après avoir ordonné ( malgré mes protestations ) la formation d'une commission, pour juger ma doctrine, et la condamner dans la pratique qu'en faisoit une personne que je désavouois, il fit célébrer son triomphe à l'académie des sciences, où il fut flagorné, pour les avoir préservées, disoit-on, d'une grande erreur qui faisoit la honte du siècle. Il inonda l'Europe entière d'un rapport fait par cette commission, et finit par livrer à la dérision publique, sur les théâtres, et ma doctrine et ma méthode de guérir.

La grande nation à laquelle je consacre le fruit de mes découvertes, continue-roit-elle de voir avec indifférence qu'on soit parvenu à lui ravir, par de basses intrigues, l'opinion consolante d'avoir acquis un moyen nouveau de conserver et de rétablir la santé? non, elle s'empressera de revenir de son erreur sur un objet si essentiel au bonheur de l'humanité.

En effet, on aura de la peine à croire que 25 années d'efforts n'ayent pas pu dégager ces précieuses découvertes, de l'incertitude dans laquelle elles furent enveloppées par les circonstances. Faudra-t-il laisser s'écouler ce siécle, sans avancer d'un pas en physique, et rester stationnaire sur l'électricité et l'aimant? Chercheroit-on encore à se réunir pour s'opposer à une révolution que je voulois opérer dans l'art qui a fait le moins de progrés, et pourtant le plus nécessaire aux hommes?

On verra, j'ose le croire, que ces découvertes ne sont pas une rencontre du hasard, mais le résultat de l'étude et

de l'observation des loix de la nature ;
que la pratique que j'enseigne n'est pas
un empirisme aveugle , mais une méthode raisonnée.

Quoique je sache très-bien que le premier principe de toute connoissance hu-
maine est l'expérience , et que c'est par
elle qu'on peut constater la réalité des
suppositions, je me suis occupé à prouver d'avance, par un enchaînement de
notions simples et claires, la possibilité
des faits que j'ai annoncés , et dont un
grand nombre a été publié sous différentes formes, par ceux qui ont su pro-
fiter de ma doctrine.

Les phénomènes que j'avois surpris à
la nature , m'ont fait remonter à la
source commune de toutes choses, et je
crois avoir ouvert une route simple et

droite pour arriver à la vérité, et avoir dégagé en grande partie l'étude de la nature des illusions de la méthaphysique.

La langue de convention, le seul moyen dont nous nous servons pour communiquer nos idées, a, dans tous les tems, contribué à défigurer nos connoissances. Nous acquérons toutes les idées par *les sens* : les sens ne nous transmettent que celles des propriétés, des caractéres, des accidens, des attributs : les idées de toutes ces sensations s'expriment par un adjectif ou épithéte ; comme chaud, froid, fluide, solide ; pesant, léger, luisant, sonore, coloré, etc. On substitua à ces épithétes, pour la commodité de la langue, des substantifs : bientôt on substantifia les pro-

priétés ; on dit, la chaleur, la gravité,
la lumière, le son, la couleur, et voilà
l'origine des abstractions métaphysiques.

Ces mots représentèrent confusément
des idées de substances , c'est-à-dire
qu'on avoit l'idée d'une substance, lorsqu'on n'eut en effet que l'idée du *mot*
*substantif;* ces qualités occultes d'autrefois, aujourd'hui s'appellent les propriétés des corps. A mesure qu'on s'é-
loignoit de l'expérience, ou plutôt avant
d'avoir des moyens d'y parvenir, non-
seulement on multiplia ces substances,
mais encore on les personnifia. Des
substances remplissoient tous les espaces : elles présidoient et dirigoient les
opérations de la nature : delà *les es-*
*prits , les divinités , les démons , les*
*génies , les archées ,* etc. La philoso-

phie expérimentale en a diminué le nombre ; mais il nous reste encore beaucoup à faire pour arriver à la pureté de la vérité. Nous y serons, lorsque nous serons parvenus à ne reconnoître d'autre substance physique que le *corps*, ou la *matière organisée et modifiée de telle ou telle manière*. Il s'agit donc de connoître et de déterminer le *mécanisme* de ces modifications, et les idées qui résulteront de ce mécanisme apperçu, seront des idées *physiques* les plus conformes à la vérité. C'est, en général, le but que je me propose d'atteindre par le système des influences dont je fais ici l'annonce.

« Une aiguille non-aimantée, mise » en mouvement, ne répondra que par

» hasard à une direction déterminée ;
» tandis qu'au contraire celle qui est
» aimantée, ayant reçu la même im-
» pulsion, après différentes oscillations
» proportionnées à cette impulsion et
» au magnétisme qu'elle a reçu, re-
» trouvera sa première direction et s'y
» fixera : c'est ainsi que l'harmonie des
» corps organisés, une fois troublée,
» doit éprouver les incertitudes de ma
» première supposition, si elle n'est
» rappellée et déterminée par l'*agent*
» *général*, dont je vais développer
» l'existence, et qui seul peut rétablir
» cette harmonie dans l'état naturel (1) ».

_____

(1) *Mémoire sur la découverte du magnétisme animal*, publiée en 1779.

Examinons donc quel est la nature de cet agent ?

« Il existe un fluide universellement » répandu, et continué de manière à » ne souffrir aucun vuide, dont la sub- » tilité ne permet aucune comparaison, » et qui de sa nature est susceptible de » recevoir, propager et communiquer » toutes les impressions du mouve- » ment (1) ».

L'état de fluidité de la matière étant un état relatif entre le mouvement et le repos, il est évident qu'après avoir épuisé par l'imagination toutes les nuances de fluidité possibles, on sera forcé de s'arrêter au dernier degré de subdi-

_____

(1) *Idem.* pag. 18.

vision ; et ce dernier degré est ce fluide qui remplit tous les interstices résultans des figures des molécules plus combinées. Le sable, par exemple, a un degré de fluidité ; la figure de ses grains forme nécessairement des interstices qui peuvent être occupés par l'eau ; ceux de l'eau le seront par l'air ; ceux de l'air par ce qu'on appelle l'éther ; ceux de l'éther enfin seront comblés par une substance encore plus fluide, et dont nous n'avons pas fixé la dénomination. Il est difficile de déterminer où cette divisibilité finit. C'est cependant d'une de ces séries de la matière la plus divisée par le mouvement intestin, que je veux parler ici.

On pourroit comparer, si je puis m'exprimer ainsi, l'opiniâtreté de quelques savans à rejeter l'idée d'un *fluide universel* et la possibilité d'un mouvement dans le plein, à celle des poissons, qui s'éléveroient contre celui d'entre eux qui leur annonceroit que l'espace entre le fond et la surface de la mer est rempli d'un fluide qu'ils habitent ; que ce n'est qu'en ce milieu qu'ils se rapprochent, qu'ils s'éloignent, qu'ils se communiquent, qu'ils s'enchaînent, et qu'il est le seul moyen de leurs relations réciproques.

Cependant quelques physiciens sont parvenus à reconnoître l'existence d'un fluide universel ; mais à peine eurent-ils fait ce premier pas, qu'entraînés au-delà du vrai, ils ont prétendu caractériser ce fluide, le surcharger de propriétés et de vertus spécifiques, en lui

attribuant des qualités, des puissances,
des tendances, des vues, des causes fi-
nales; enfin des puissances conservatri-
ces, productrices, destructrices, ré-
formatrices.

La vérité n'est que sur une ligne tra-
cée entre les erreurs. L'esprit humain,
par son activité inquiète, est comme
un cheval fougueux : il est également
difficile de mesurer avec justesse l'élan
qui lui faut pour atteindre cette ligne,
sans courir risque de la dépasser, et de
s'y contenir long-tems, de manière à
n'avancer ni à reculer ses pas.

Il n'est donc pas permis de douter
de l'existence d'un fluide universel, qui
n'est que l'ensemble de toutes les séries de la matière la plus divisée par

le mouvement *intestin* ( 1 ). En cet état, il remplit les interstices de tous les fluides , ainsi que de tous les solides contenus dans l'espace. Par lui, l'univers est fondu et réduit en une seule masse. La fluidité constitue son essence. N'ayant aucune propriété , il n'est ni élastique , ni pesant , mais il est le moyen propre à déterminer des propriétés dans tous les ordres de la matière qui se trouve plus composée qu'il ne l'est lui-même. Ce fluide est à l'égard des propriétés qu'il détermine dans les corps organiques , ce que l'air (2) est au son et à l'harmonie ,

---

( 1 ) C'est-à-dire le mouvement des particules entre elles.

( 2 ) L'air qui passe à travers les tuyaux

ou l'éther à la lumiére, ou enfin l'eau au moulin ; c'est-à-dire, qu'il reçoit les impressions, les modifications du mouvement, qu'il les transmet, qu'il les

---

d'un orgue, en reçoit des vibrations proportionnées à leur grandeur et à leurs formes : ces vibrations ne deviennent un son qu'après qu'elles sont propagées et communiquées à un organe de l'animal disposé à le recevoir : l'air, dans ce cas, n'est donc que le conducteur du mouvement vers l'ouïe, de même que le mouvement d'un autre fluide plus délié que lui, réfléchi par une surface, y reçoit des vibrations, qui, transférées à l'organe de la vue, y détermine les sensations des formes, des couleurs, lesquelles n'existent certainement ni dans ce fluide, ni dans la surface des corps.

transfère, qu'il les applique et les insinue dans les corps organisés ; et les effets ainsi produits ne sont que le résultat combiné du mouvement et de l'organisation des corps.

Il faut considérer ici, que les diverses séries dont l'Océan du fluide est composé, à partir de la matière élémentaire, jusqu'à celles qui tombent sous nos sens, comme l'eau, l'air et l'éther, diffèrent entre elles par une sorte d'organisation intime, effet de la combinaison primitive de leurs molécules. Cette organisation spéciale, rend chacune de ces séries susceptible d'un mouvement particulier qui lui est propre.

Nous observons la gradation de cette susceptibilité exclusive de mouvemens, dans les trois genres de fluides. Il en

est de la lumière, du feu, de l'électricité et du magnétisme comme du son,
aucuns ne sont point des substances, mais
bien des effets du mouvement dans les
diverses séries du fluide universel.

Il sera démontré par ma théorie des
influences, comment ce fluide, cette
matière subtile, sans être pesante, détermine l'effet que nous appellons gravité ; comment sans être élastique, il
concourt à l'élasticité ; comment en
remplissant tous les espaces, il opère
la cohésion, sans être lui-même en cet
état. Je démontrerai de même que
l'attraction est un mot vuide de sens,
que l'attraction n'existe pas dans la
nature, qu'elle n'est qu'un effet appa-
rent d'une cause qu'on n'apperçoit pas.
J'établirai aussi en quoi consiste l'élec-

tricité, le feu, la lumière, etc. Je
prouverai, en un mot, que *toutes les
propriétés sont le résultat combiné
de l'organisation des corps et du mouvement du fluide dans lequel ils sont
plongés.*

On comprendra avant tout, comment
une impulsion une fois donnée sur la matière, a dû suffire au développement successif de toutes les possibilités, comment
les impulsions particulières, qui n'en
sont que la continuité, deviennent l'o-
rigine de nouvelles organisations; comment le mouvement est la cause du
repos, et le repos à son tour accélère le
mouvement de la matière fluide pour
opérer d'autres combinaisons. On verra
enfin que c'est par la simplicité de l'ordre, dans un cercle perpétuel entre les

causes et les effets, que nous pouvons avoir la plus juste comme la plus grande idée de la nature et de son auteur.

On pourroit ajouter à ces considérations, que l'immensité de la matière fluide seroit restée homogène, sans produire de nouveaux êtres, si le hasard des premières combinaisons n'eût pas déterminé des courans, dont les célérités variées et modifiées sont devenues une source infinie d'organisations et des effets qui en résultent.

En remontant ainsi par une marche simple aux plus grandes opérations de la nature, on reconnoit que le magnétisme ou l'influence mutuelle, est l'action la plus universelle ; et que c'est l'*aimant* qui nous offre le modèle du mécanisme de l'univers ; que cet action

n'est que l'effet *nécessaire du mouvement dans le plein.*

Comme toutes les vérités se tiennent,
il est impossible de faire des progrès
dans l'étude de la nature, sans avoir
embrassé l'enchaînement de ses principes ; c'est pourquoi j'ai cru nécessaire
d'en exposer le système, dont le corps
humain fait partie intégrante, avant de
proposer des moyens conservateurs : car
les lois par lesquelles l'univers est gou-
verné, sont les mêmes que celles qui
règlent l'économie animale. La vie du
monde n'est qu'une, et celle de l'homme
individuel en est une particule.

Toutes les propriétés des corps, je
le répète, sont le résultat combiné de
leur organisation et du mouvement du
fluide dans lequel ils se trouvent.

Si l'on considère l'action de ce fluide ainsi défini, comme appliquée au corps animal, elle y devient le principe du mouvement et des sensations.

Il est certain, que la nature et la qualité des humeurs de l'homme dépendent uniquement de l'action des solides, du mécanisme des organes ou viscères, et des vaisseaux qui contiennent ces humeurs; ce sont eux qui les élaborent, en dirigent et règlent les mouvemens, les mélanges, les proportions, les secrétions les excrétions, etc. Il est aisé de concevoir que ce n'est que dans l'irrégularité de l'action des solides sur les liquides, ou dans l'imperfection du mécanisme ou du jeu des viscères et des organes, qu'existe la première cause de toutes les aberrations; et que conséquemment le remède commun et unique doit se trouver dans le rétablissement de l'action des organes, qui seuls peuvent changer et corriger les vices et les altérations des humeurs. C'est ici le cas d'examiner quel est le principe du mouvement, et le *ressort commun* des différentes machines agissant sur les liquides.

C'est la *fibre musculaire*, qui par son mécanisme particulier, devient, comme je puis le prouver, l'instrument de tout mouvement, comme le principe de toute action des solides sur les liquides. Les courans du fluide universel étant dirigés et appliqués à l'organisation intime de la fibre musculaire, précisément comme le vent ou l'eau le sont au moulin, en déterminent les fonctions. Ces fonctions consistent dans l'alternative de se racourcir et de s'allonger, ou de se relâcher; se racourcir est proprement son action positive : cette faculté est appellée *irritabilité*.

C'est à cette faculté, appliquée au mécanisme particulier du cœur, que nous devons le mouvement de systole et diastole de ce viscère hydraulique et de toutes les artères.

Le jeu de la dilatation et de la contraction des vaisseaux sur la liqueur qu'ils contiennent, est la cause de la circulation des humeurs, et conséquemment de la vie animale. Le défaut de l'une de ces deux actions ou de la réaction, en arrête le cours. Aussitôt que les humeurs sont privées du mouvement local et intestin, elles s'épaississent et se consolident. Cet épaississement ou repos, s'étend en se communiquant à une partie plus ou moins considérable des canaux. Un autre effet du repos des humeurs est leur dégénérescence : en se décomposant, elles s'arrêtent dans les canaux dont la capacité n'est pas propre à les contenir. L'état des vaisseaux dans lesquels le cours des humeurs est arrêté ou rallenti, est nommé *obstruction*.

La fibre musculaire animée par le principe de l'irritabilité, est encore susceptible d'une affection externe, qui est appellé *irritation*. L'effet ordinaire de cette affection, est le racourcissement de la fibre.

Toute action de la fibre musculaire peut être considérée comme dépendante, soit de l'irritabilité, soit de l'irritation, soit de l'une et de l'autre ensemble. Il existe par conséquent deux causes immédiates d'obstructions : la première, lorsqu'un vaisseau a perdu de son irritabillité, ce qui le met dans l'impuissance de se contracter : la seconde, lorsqu'un vaisseau est dans un état d'irritation, ou qu'il se trouve quelque obstacle à sa dilatation. Ainsi dans les deux cas, les conditions nécessaires pour le jeu alternatif des vaisseaux, sont contrariées et leur action arrêtée.

Sans entrer dans les détails de cette aberration, qui est la plus générale et presque la seule dans le corps vivant; il est aisé de concevoir, d'après une loi générale, que la cause du mouvement fait toujours un effort contre la résistance, et qu'il doit lui être proportionné pour la vaincre : cet effort est appellé *crise*, et tous les effets, qui résultent directement de cet effort, sont appellés *les symptômes critiques* : ils sont les véritables moyens de guérison, ou ce qui forme la *cure* de la nature ; tandis qu'au contraire les effets provenants de la résistance contre cet effort de la nature, sont dit les *symptômes symptomatiques*, et forment ce qu'on doit appeller la *maladie*.

La crise est déterminée par l'irritation de la fibre, laquelle est occasionnée, soit par l'*intension* de l'irritabilité, soit par un effort augmenté sur la fibre résistante, soit enfin par la réunion de ces deux causes.

Il est donc constant et conforme aux lois du mouvement, qu'aucune aberra-

tion dans le corps animal ne peut se
rectifier sans avoir éprouvé les effets
de cet effort ; c'est-à-dire qu'aucune
maladie ne peut être guérie sans une
crise. Cette loi est si vraie et si générale , que d'après l'expérience et
l'observation , la plus légère pustule, le
plus petit bouton sur la peau, ne se
guérissent qu'après une crise.

Les différentes formes sous lesquelles
l'effort de la nature se manifeste , dépendent de la diversité dans la structure des parties organiques ou des viscères qui subissent cet effort, de leurs
correspondances et rapports , selon les
divers degrés et modes de résistance ,
du période de leur développement.

Pour avoir peu connu le mécanisme

du corps animal, et moins encore comment, par ce mécanisme, il tient à l'organisation de toute la nature, les Anciens ont regardé chaque genre de ces efforts comme autant d'espèces de maladies. Dès la naissance de la médecine, on s'est opposé au vrai et au seul moyen employé par la nature pour détruire les causes qui troubloient l'harmonie.

Hypocrate paroit avoir été le premier et presque le seul qui ait saisi le phénomène des crises dans les maladies aigues. Son génie observateur l'avoit conduit à reconnoître que les divers symptômes n'étoient que les modifications des efforts que la nature faisoit contre ces maladies. Après lui, lorsqu'on observa les mêmes symptômes dans les maladies croniques, plus éloignées de la cause, isolées, sans fièvre continue ; on substantifia ces accidens, on en fit autant de maladies, et on les caractérisa chacune par un nom ; on étudia, on analysa ces accidens et leurs symptômes comme des choses : on prit même pour *indicateur*, les sensations du malade. Et voilà la source des erreurs qui désolent l'humanité depuis tant de siècles.

Hypocrate par les symptômes les plus opposés en apparence, au lieu d'être déconcerté, pronostiquoit la guérison ; son assurance étoit fondée sur l'observation de la marche périodique des jours, qu'il appelloit *critiques*. Il sentoit confusément qu'il existoit un principe externe et général, dont l'action étoit régulière ; et que c'é-

toit ce principe qui développoit et dé-
cidoit la complication des causes qui
forment la maladie.

Ce que le père de la médecine ob-
servoit ainsi, et ce que d'autres après
lui jusqu'ici ont appellé la nature, n'é-
toit que les effets de ce principe que
j'ai reconnu et dont j'ai annoncé l'existence, principe qui détermine sur nous
cette espèce de flux, et reflux ou intension et rémission des propriétés.

Il est à regretter que la lumière qu'il
jetta sur l'art de guérir, se soit bornée
aux maladies aigues : il auroit pu reconnoître que les maladies chroniques
ne diffèrent des autres que par la continuité et la rapidité avec laquelle les
symptômes se succèdent. Les maladies
aigues sont à l'égard des chroniques,

ce que le cours de la vie d'un insecte,
qu'on nomme *éphémère*, est au cours
de la vie des autres animaux : le premier subit dans les vingt-quatre heures
toutes les révolutions de l'âge, du sexe,
de l'accroissement et du dépérissement,
lorsque les autres espèces d'animaux
employent des années pour parcourir
cette carrière.

D'ailleurs, on a lieu de regretter que
la médecine ignore encore le développement naturel et nécessaire de la plupart des maladies chroniques : c'est en
s'y opposant par des remèdes, qu'elle
en trouble la marche, en arrête le
cours, et très-souvent en avance le
terme par une mort prématurée. La
marche et le développement de l'épilepsie, par exemple, ainsi que de la

manie, de la mélancolie, des maladies, dites de nerfs, des engorgemens des glandes, de leurs complications, des affections des organes des sens, sont encore inconnus, et c'est principalement dans ces divers états qu'on confond la crise avec la maladie.

. Les causes immédiates de toutes les maladies, internes ou externes, supposent le défaut ou l'irrégularité de la circulation des humeurs ou des *obstructions* de différens ordres de vaisseaux : cet état étant, comme on l'a fait remarquer, le résultat du défaut de l'*irritabilité* ou de l'action des solides sur les humeurs qu'ils contiennent, on comprendra enfin, qu'au lieu de recourir par un choix vague et incertain, aux spécifiques et aux drogues innombrables assorties par la théorie des humeurs ; on n'a, dans tous les cas, que deux indications à remplir : savoir : 1°. *de rétablir l'irritabilité ou l'action des solides sur les liquides; 2°. d'empécher et prévenir les obstacles qui peuvent s'y opposer.*

Il est prouvé par le systême des influences, et il est constaté par l'observation exacte et assidue, que les grands corps appellés *célestes*, gouvernent les mouvemens partiels de notre globe : les alternatives du flux et reflux, ( effet commun à toutes ses parties constitutives, ) la végétation, les fermentations, les organisations, les révolutions générales et particulières dont il est susceptible, sont naturellement déterminées par cette influence, qui au

moyen de la continuité d'un fluide universel, produit augmentation et diminution de toutes les propriétés des corps,
comme nous le voyons distinctement
dans le développement et le ralentis-
sement de la végétation.

C'est ainsi, et par les mêmes causes
que l'irritabilité est naturellement augmentée ou diminuée; en sorte que le
cours et le développement dans les maladies, et même leur guérison, que
l'on attribuoit vaguement à la nature, sont réglés et déterminés par cette
influence ou par ce que j'appelle *magnétisme naturel*.

Mais comme cette opération de la
nature, quoique générale, ne peut
devenir utile qu'aux êtres qui y sont
particulièrement disposés; il me restoit à

découvrir et à reconnoître les lois et le mécanisme intime des procédés de la nature , afin de savoir l'imiter et d'en faire l'application renforcée et graduée , dans les cas individuels , dans tous les tems et dans toutes les situations où l'homme se trouve.

Je crois avoir surpris à la nature ce mécanisme des influences, qui, comme je l'expliquerai , consiste dans une sorte de *versement* réciproque et alternatif des courans entrans et sortans , d'un fluide subtil, remplissant l'espace entre deux corps. La nécessité de ce versement est fondée sur la loi *du plein* ; c'est-à-dire , que dans l'espace rempli de matière, il ne peut se faire un déplacement sans remplacement ; ce qui suppose que si un mouvement de la

matière subtile est provoqué dans un
corps, il se produit aussitôt un mouvement semblable dans un autre susceptible de la recevoir, quelque soit la
distance entre les corps. Cette sorte
de circulation est capable d'exciter et
de renforcer en eux les propriétés
analogues à leur organisation, ce qui
se concevra facilement en réfléchissant sur la continuité de la matière
fluide, et sur son extrême mobilité
toujours égale à sa subtilité : l'aimant, l'électricité, comme aussi le feu,
nous offrent les modèles et les exemples de cette loi universelle.

J'ai reconnu, que quoiqu'il existât
une influence générale entre les corps,
il est néanmoins des modes, des tons
particuliers et divers, des mouvemens

par lesquels cette influence peut s'effectuer.

Comme le feu , par un mouvement tonique (1) déterminé , diffère de la chaleur, ainsi le magnétisme , dit *animal*, diffère du magnétisme naturel : la chaleur est dans la nature , sans être *feu* , elle consiste dans le mouvement intestin d'une matière subtile. Elle est générale, tandis que le feu est un produit de l'art ou de certaines conditions.

_____

(1) J'entends par *ton* ou *mouvement tonique*, le genre ou mode spécial du mouvement qu'ont les particules d'un fluide entre elles ; ainsi à l'égard des particules de quelques fluides, le mouvement est ondulatoire ou oscillatoire ; dans d'autres il est vibratoire, de rotation , etc.

Le feu produit presqu'à l'instant, et dans la plupart des circonstances, les effets qu'on n'obtient de la chaleur que par la durée du tems, et avec le concours des causes particuliéres. Et voilà comment le magnétisme naturel diffère du magnétisme animal dont il s'agit ici. Les expériences et les sensations des malades, confirment d'une manière incontestable cette théorie.

L'action la plus immédiate du magnétisme ou de l'influence de ce fluide, est de ranimer et de renforcer l'action de la fibre musculaire par un mouvement accéléré, tonique et analogue à la partie organique à laquelle elle appartient. Mille observations ont prouvé que l'application de ce moyen développe le cours des maladies; c'est-à-dire, qu'après un combat plus on moins décisif entre les efforts et la résistance, il détermine règle et accélère l'ordre et la marche, dans lesquels les causes et les effets se succèdent, afin d'opérer le rétablissement de la santé, en provoquant dans tous les cas, d'une manière sûre, les *crises* et leurs effets relatifs.

Le magnétisme animal, considéré comme un agent, est donc effectivement un *feu* invisible : il s'agit,

1°. De savoir provoquer et entretenir par tous les moyens possibles ce *feu* et d'en faire l'application.

2°. De connoître et lever les obstacles qui peuvent troubler ou empêcher son action, et l'effet gradué, qu'on cherche à obtenir dans le traitement.

5°. De connoître et de prévoir la marche de leur développement pour en régler et en attendre avec fermeté le cours jusqu'à la guérison.

Voilà à quoi se réduit généralement la découverte du magnétisme animal, considéré comme *moyen* de préserver des maladies et de les guérir.

Il est prouvé par la raison et constaté par l'expérience continuelle, que ce feu peut être concentré et conservé; que l'eau, les animaux, les arbres et tous les végétaux, ainsi que les minéraux, sont susceptibles d'en être chargés.

D'après tout ce qui vient d'être dit jusqu'ici, on s'attend sans doute à des explications sur la manière d'appliquer le magnétisme animal, et de le rendre un moyen curatif efficace ; mais comme indépendamment de la théorie, cette nouvelle méthode de guérir exige indispensablement une instruction pratique et suivie , je n'ai pas cru devoir donner ici la description, ni de cette pratique, ni de l'appareil et des machines de différentes espèces, ni des procédés dont je me suis servi avec succès, parce que chacun , en conséquence de son instruction , s'appliquera à les étudier, et apprendra de lui-même à les varier et à les accommoder aux circonstances et aux diverses situations du malade. C'est l'empirisme ou l'application aveugle de mes procédés, qui a donné lieu aux préventions et aux critiques indiscrètes qu'on s'est permises contre cette nouvelle méthode. Ces procédés, s'ils n'étoient pas raisonnés, paroîtroient comme des grimaces aussi absurdes que ridicules, auxquelles il seroit en effet impossible d'ajouter foi. Déterminés et prescrits d'une manière positive, ils deviendroient, par une observance trop scrupuleuse, le sujet d'une superstition : et j'oserois dire qu'une grande partie des cérémonies religieuses de l'antiquité paroissent être des restes de cet empirisme. Tous ceux d'ailleurs, qui ont voulu s'assurer par leur propre expérience, de la réalité du magnétisme, en le pratiquant sans en con-

noître les principes , se sont trouvés re-
poussés faute d'avoir obtenu le succès
qu'ils attendoient ; s'imaginant que les
effets devoient être le résultat immédiat des procédés , comme ceux de l'é-
lectricité ou des opérations chymiques.

En considérant que l'influence réciproque est générale entre les corps ;
que l'*aimant* nous représente le modèle de cette loi universelle, et que le
corps animal est susceptible de propriétés analogues à celles de l'aimant ;
je crois assez justifier la dénomination
de *magnétisme animal*, que j'ai adop-
tée pour désigner tant le systême ou
la doctrine des influences , en général ,
que ladite propriété du corps animal ,
ainsi que le remède et la méthode de
guérir.

Cela peut suffire pour démontrer qu'on ne doit pas confondre le magnétisme avec les phénomènes qui ont pu donner lieu à ce qu'on veut appeller l'*électricité animale.*

Je vois avec regret qu'on abuse légèrement de cette dénomination : dès qu'on s'est familiarisé avec le mot *magnétisme*, on se flatte d'avoir l'idée de la chose, tandis qu'on n'a que l'idée du mot.

Tant que mes découvertes ont été mises au rang des chimères, l'incrédulité de quelques savans me laissoit toute la gloire de l'invention ; mais depuis, qu'ils ont été forcés d'en reconnoître l'existence, ils ont affecté de m'opposer les ouvrages de l'antiquité, où se trouvent les mots *fluide universel, magnétisme, influence*, etc. Ce n'est pas des mots dont il s'agit, c'est de la chose, et surtout de l'utilité de son application.

On trouvera dans le corps de ma doctrine, que l'homme, comme objet principal de notre contemplation dans la nature, peut être considéré en raison des parties constitutives de son mécanisme, et en raison de sa conservation. Sous le premier rapport, on comprend les instrumens du mouvement et des sensations, qui déterminent les fonctions et les facultés; j'ai donné à cet égard mes idées sur les nerfs, la fibre musculaire, l'irritabilité, les sens, etc.

Sous le point de vue de la conservation, l'homme est considéré dans les divers états où il parcourt la carrière de son existence : comme dans l'état de sommeil, où il commence à exister ; ensuite dans l'état de veille, où il fait usage de ses sens, et continue d'exister, mais en relation avec les autres êtres qui l'environnent ; enfin dans l'état de santé et de maladie.

La vie de tous les êtres dans l'univers n'est qu'une : elle consiste dans le mouvement de la matière la plus déliée. La mort est le repos, ou la cessation du mouvement. On verra que la marche naturelle et inévitable, est de passer de l'état de fluidité à celui de solidité : que le terme naturel de la vie de l'homme est déterminé et fixé par son organisation et sa vie même ; que la maladie peut raprocher ce terme, en empêchant le mouvement et en avançant la consolidation. Il s'agit ici de connoître les moyens de retarder ce terme fatal.

L'homme est doué de la faculté de sentir. C'est par les sensations et leurs effets, qu'il existe en rapport avec d'autres matières et avec les êtres qui se trouvent hors de lui. La diversité des organes appellés *les sens*, le rend susceptible d'éprouver les effets des différentes matières dont il est environné. Le principe qui l'anime et qui le rend actif, est déterminé par les sensations; et toutes les actions sont des résultats des sensations.

Indépendamment des organes connus, nous avons encore d'autres organes propres à recevoir des sensations; nous ne nous doutons pas de leur existence, à cause de l'habitude prédominante où nous sommes de nous servir des premiers, d'une manière plus apparente, et parceque des impressions fortes auxquelles nous sommes accoutumés dès le premier âge, absorbent des impressions plus délicates, et ne nous permettent pas de les appercevoir.

D'après les expériences et les observations faites, il y a de fortes raisons pour croire que nous sommes doués d'un sens *intérieur* qui est en relation avec l'ensemble de l'univers, et qui pourroit être considéré comme une *extension* de la vue.

S'il est possible d'être affecté de manière à avoir l'idée d'un être à une distance infinie, ainsi que nous voyons les étoiles dont l'impression nous est transmise en ligne droite, par la sensation et la continuité d'une matière co-existante entre elles et nos organes ; ne seroit-il pas également possible qu'au moyen d'un organe interne, par lequel nous sommes en contact avec tout l'univers, nous fussions affectés par des êtres dont le mouvement successif seroit propagé jusqu'à nous en ligne courbe ou oblique, en un mot, dans une direction quelconque ? S'il est vrai, comme j'essayerai de le prouver, que nous soyons affectés par l'enchaînement des êtres et des événemens qui se succèdent, on comprendra la possibilité des pressentimens et d'autres phénomènes, tels que les prédictions, les prophéties, les oracles des sybilles, etc.

D'après ma théorie sur les *crises*, c'est en observant avec plus d'attention le développement aussi négligé que contrarié des maladies chroniques, que j'ai reconnu le phénomène d'un sommeil critique, dont les modifications infiniment variées, se sont montrées assez souvent à mes yeux, pour ouvrir une nouvelle carrière à mes observations sur la nature et les propriétés de l'homme.

Le sommeil de l'homme n'est pas un état négatif ou la simple absence de la veille : des modifications de cet état m'ont appris que les facultés dans l'homme endormi, non-seulement ne sont pas suspendues, mais qu'elles agissent souvent avec plus de perfection que lorsqu'il est éveillé. On observe que certaines personnes endor-

mies, marchent, se conduisent et pro-
duisent les actes les mieux combinés,
avec la même réflexion, la même attention, et autant d'exactitude que si
elles étoient éveillées. On est encore
plus surpris de voir les facultés qu'on
nomme *intellectuelles*, être portées à
un tel degré, qu'elles surpassent infiniment celles qui sont les plus cultivées
dans l'état ordinaire.

Dans cet état de crise, ces êtres
peuvent prévoir l'avenir, et se rendre
présent le passé le plus reculé. Leurs
sens peuvent s'étendre à toutes les
distances et dans toutes les directions, sans être arrêtés par aucun obstacle. Il semble enfin que toute la nature leur soit présente. La volonté même
leur est communiquée indépendam-

ment de tous les moyens de convention.
Ces facultés varient dans chaque individu ; le phénomène le plus commun
est de voir l'intérieur de leur corps,
et même celui des autres, et de juger
avec la plus grande exactitude les maladies, leur marche, les remèdes nécessaires et leurs effets. Mais il est rare
de voir toutes ces facultés réunies dans
le même individu.

Mon intention n'est pas d'entrer ici
dans le détail des faits multipliés que
présente l'histoire, qu'une longue expérience m'a personnellement fournis,
et qui se renouvellent chaque jour sous
les yeux de ceux qui font usage de
mes principes ; j'ai voulu seulement
donner une idée sommaire et précise
des phénomènes sans nombre, que

la nature de l'homme ne cesse d'offrir
à l'observateur attentif. Quelques-uns
de ces faits ont été connus de tous tems
sous diverses dénominations, et particulièrement sous celle de *somnambulisme* : quelques autres ont été entièrement négligés ; d'autres enfin ont été
soigneusement cachés.

Ce qui est certain , c'est que ces
phénomènes aussi anciens que les infir-
mités des hommes , ont toujours étonné
et le plus souvent égaré l'esprit humain : la disposition que celui-ci manifeste sans cesse, à regarder comme
des substances les modifications dont il
n'entrevoit pas le mécanisme , le portent
également à attribuer à des esprits ou à
des principes surnaturels , des effets dont
son inexpérience l'empêche de démêler

les vraies causes : selon qu'ils étoient heureux ou funestes, d'après les apparences, ils ont caractérisé ces principes comme bons ou mauvais ; et selon qu'ils déterminoient l'espérance ou la crainte, la superstition et l'ignorante crédulité les rendoient tour-à-tour sacrés ou criminels. Ils ne servirent que trop souvent à provoquer de grandes révolutions ; la charlatanerie politique et religieuse des différens peuples, y puisa ses ressources et ses moyens.

En observant ces phénomènes , en réfléchissant sur la facilité avec laquelle les erreurs naissent , se multiplient et se succèdent, perso e ne pourra méconnoître la source des opinions sur les oracles, les inspirations , les sybilles, les prophéties, les divinations,

les sortilèges, la magie, la démonurgie
des Anciens; et de nos jours, sur les
possessions et les convulsions.

Quoique ces différentes opinions paroissent aussi absurdes qu'extravagantes, elles ne portent pas tout-à-fait sur
des chimères; tout n'y est point pres-
tige ; elles sont souvent les résultats de
l'observation de certains phénomènes
de la nature, qui, faute de lumière
ou de bonne foi , ont été successive-
ment défigurés, enveloppés ou mysté-
rieusement cachés. Je puis prouver
aujourd'hui, que ce qu'il y a toujours
eu de vrai dans les faits dont il s'agit,
doit être rapporté à la même cause, et
qu'ils ne doivent être considérés que
comme autant de modifications de l'état
appellé *somnambulisme*.

Depuis que ma méthode de traiter et d'observer les maladies a été mise en pratique dans les différentes parties de la France, plusieurs personnes, soit par un zéle imprudent, soit par une vanité déplacée, et sans égard pour les réserves et les précautions que j'avois jugées nécessaires, ont donné une publicité prématurée aux effets et surtout à l'explication de ce sommeil critique; je n'ignore pas qu'il en est résulté des abus, et je vois avec douleur les anciens préjugés revenir à grands pas.

Nous avons encore présentes les persécutions que le fanatisme trop crédule exerça, dans les siécles de l'ignorance, sur les personnes qui avoient le malheur de devenir les sujets de ces prodiges, ou qui en étoient les ministres.

Il est de même à craindre, qu'ils ne soit aujourd'hui victimes du *fanatisme de l'incrédulité* ; on ne les punira pas comme idolâtres ou sacriléges ; mais on les traitera peut-être comme des imposteurs et perturbateurs du repos public.

Comme l'ignorance est, dans toutes les suppositions, la source des injustices et du mal moral, j'ai cru nécessaire de produire mes pensées sur la nature d'un phénomène si propre à nous égarer, et qui, quoique toujours sous nos yeux, a constamment été méconnu.

A l'égard des effets du magnétisme animal, et notamment du sommeil critique, qui est un des phénomènes les plus frappans de son application, la société, en France, peut-être divisée en trois classes.

Dans la première sont ceux qui ignorent absolument tous les faits relatifs à ce phénomène, ou qui, soit par indifférence, soit par un intérêt mal entendu, s'obstinent à fermer les yeux sur tout ce que l'histoire et l'observation leur présentent. Ce seroit vouloir expliquer les couleurs aux aveugles-nés, que d'entreprendre l'instruction de ceux-là.

Je vois dans la seconde classe, ceux qui après avoir pris une exacte connoissance de mes principes, les ont médité, ou en ont fait usage et en obtiennent chaque jour la confirmation par leur propre expérience : je ne puis que les inviter à la persévérance, et j'ai la confiance que cet écrit ajoutera quelque chose à leurs lumières.

Je comprends enfin dans la 3e classe ; ceux qui par des observations constantes et multipliées, se sont assuré de la réalité des faits ; mais qui ne pouvant en expliquer les causes et voulant sortir de l'état pénible de l'étonnement, au lieu d'avoir recours à mes principes, ont préféré les illusions de la métaphysique. C'est pour eux essentiellement que j'écris, qu'ils veuillent bien me lire sans prévention, et ils ne tarderont pas à reconnoître que tout est explicable par des loix mécaniques prises dans la nature, et que tous les effets appartiennent aux modifications de la *matière* et du *mouvement*.

Je pense que j'aurai rempli cette tâche

importante, si l'on trouve dans le cours de ce mémoire une solution satisfaisante aux questions qui suivent et dans lesquelles je crois avoir prévu les difficultés les plus épineuses?

1°. Comment l'homme endormi peut-il juger et prévoir ses maladies, et même celles des autres?

2°. Comment, indépendamment de toute instruction, peut-il indiquer les moyens les plus propres à la guérison?

3°. Comment peut-il voir les objets les plus éloignés, et pressentir les événemens?

4°. Comment l'homme peut-il

recevoir l'impression d'une autre volonté que la sienne ?

5°. Pourquoi l'homme n'est - il
pas toujours doué de ces facultés ?

6°. Comment sont-elles susceptibles de perfectibilité ?

7°. Pourquoi cet état est-il plus
fréquent et paroit il être plus
parfait depuis que l'on employe les procédés du magnétisme animal?

8°. Quels ont été les effets de
l'ignorance de ce phénomène,
et quels sont - ils encore aujourd'hui ?

9°. Quels sont les inconvéniens

résultans de l'abus qu'on en peut faire ?

Pour que je puisse répondre à ces questions d'une manière précise , je crois devoir en faciliter l'intelligence et l'explication , par une exposition abrégée des principes généraux puisés dans ma théorie , principes dont quelques-uns sont déjà connus du lecteur.

*L'univers* est l'ensemble de toutes les parties co-existantes de la matière qui remplit l'espace. D'après cet idée il existe autant de matière que l'espace peut en contenir, et elle est dans un état égal de continuité. Toutes les parties de la matière sont en repos ou en mouvement entre elles, par conséquent elles sont ou fluides ou solides.

La fluidité et la solidité doivent être
considérées comme un état relatif du
mouvement et du repos des particules
entre elles; et dans *ces relations seules*
se trouve la raison de toutes les formes
et propriétés possibles. Les solides supposent une figure, et les figures des interstices qui sont remplis de la matière moins solide ou plus déliée; celle-
ci consistante dans de petites masses
d'une forme déterminée, présente encore des interstices à une matière plus
fluide : ces divisions entre les insters-
tices et les fluides , ainsi qu'il a été
dit , se succèdent par une sorte de gradation , jusqu'à la dernière des subdi-
visions de la matière , que je nomme
*élémentaire* ou *primordiale* , celle-là

est seule d'une fluidité absolue, et les interstices ne sont plus occupés, puisqu'il n'existe pas de matière plus subtile.

La mobilité de la matière étant en raison inverse de l'absence de la cohésion, cette mobilité doit répondre à sa subtilité : conséquemment la plus fluide et la plus subtile doit être douée de la mobilité la plus éminente. Les trois ordres de fluidité, qui tombent sous nos sens : *l'eau*, *l'air* et *l'éther*, nous confirment cette progression.

Il est nécessaire de se rappeller ici qu'il y a entre l'éther et la matière élémentaire, des séries de matières d'une fluidité graduée, capables de pénétrer et de remplir tous les interstices.

Chacun des trois fluides qui nous

sont connus , est susceptible d'être *le conducteur d'un mouvement particulier proportionné au degré de fluidité.* L'eau , par exemple , peut recevoir les modifications de la chaleur. L'air , tous les mouvemens de vibration qui peuvent produire le son , l'harmonie et ses modulations. L'éther en mouvement constitue la lumière même. Ses modifications sont déterminées par les formes , les surfaces , les rapports des distances et des lieux. Outre cela , l'eau et l'air peuvent renfermer dans leurs interstices des particules d'une gravité spécifique analogue , et devenir ainsi les véhicules des corpuscules , qui , moyennant leur *configuration* , sont capables de produire tels ou tels effets.

Placé au milieu de ces différens fluides , l'homme est doué d'organes auxquels aboutissent les extrémités des nerfs en plus ou moins grande quantité; ces nerfs sont plus ou moins exposés au contact des différens *ordres de fluides* dont ils reçoivent les impressions. Quelques-uns de ces organes, tels que ceux du tact , du goût et de l'odorat , reçoivent ces impressions par une application *immédiate* de la matière ou du mouvement ; les autres, comme la vue et l'ouïe sont affectés par la commotion des *milieux* dont la cause peut être à toute distance. Ces organes sont appellés les *sens*; leur structure est telle , que chacun d'eux peut être affecté d'un ordre de matières à l'exclusion de toute autre.

L'œil offre au mouvement de l'éther, par l'expansion du nerf optique, une surface unie, capable de recevoir et de retracer l'*ensemble* des formes, des figures, des couleurs et des situations; et par sa structure composée de parties diaphanes et opaques, il peut empêcher l'accès de toute autre substance fluide. L'oreille présente dans sa structure des parties distinctes et tellement disposées, qu'elles répondent à toutes les proportions et à tous les degrés d'*intensité* du ton et du son.

Le tact éprouve au contraire toutes les nuances des *résistances* et des impressions des corps qui lui sont immédiatemment appliqués. Le goût est affecté par la *figure* des particules qui, atténuées par le liquide, s'insinuent dans les pores que leur présente la superficie de la membrane de cet organe, dont elles touchent les extrémités nerveuses. L'organe de l'odorat reçoit de la même manière l'impression, par la *figure* des corpuscules qui lui sont amenés et appliqués par l'air.

Cette variété de dispositions étoit nécessaire, pour que plongés dans un océan de fluides, nous pussions ne pas confondre, et distinguer même avec la plus grande justesse, les effets des différentes matières, et les mouvemens déterminés par les divers objets; la structure et le mécanisme particulier de chaque organe ne les rendent ainsi susceptibles que d'une seule fonction.

Nous sommes donc par le nombre

et la propriété de chacun de nos sens ; bornés à être en rapport avec les seules combinaisons et modifications de la matière , dont l'ordre est relatif à notre conservation.    Cette réflexion me porte à penser qu'il existe des animaux doués d'organes différens des nôtres, et dont les facultés les mettent en relation avec des matières d'un ordre différent de celles qui nous affectent.

Voilà ce que je puis dire de plus succint, sur la diversité des effets produits à l'extrémité des nerfs.

Il s'agit d'examiner actuellement ce qui s'opère dans leur *substance* intime. Je n'y vois que des *mouvemens*, aussi variés que l'est l'action des différentes matières sur les sens externes. Mais nous n'avons point de mots qui puissent en exprimer toutes les nuances. Ces mouvemens ainsi modifiés, reçus d'abord à la superficie, sont propagés vers un centre commun formé par la réunion et l'entrelacement des nerfs, dont les extrémités que nous appellons *les sens*, ne doivent être considérées que comme des prolongemens. Par cette réunion plusieurs fois répétée dans l'organisation animale, ces mouvemens se mêlent, se confondent, se modifient. C'est cet ensemble qui constitue l'organe que j'appelle le *sens interne;* ce qui en résulte est ce que nous appellons *sensations*. Ces mêmes mouvemens ainsi communiqués aux muscles moteurs, déterminent les actions.

Pour bien concevoir ce grand phénomène des sensations, il importe de

réfléchir sur la fidélité et la justesse
avec laquelle se propagent et se répètent
le son et la lumière ; d'observer comment leurs rayons et leurs mouvemens
les plus multipliés et les plus combinés,
se croisent sans se détruire ni se confondre ; en sorte que dans quelque
point que se trouve placé l'œil ou l'o-
reille, ces organes reçoivent avec exactitude le détail et l'ensemble des effets
les plus compliqués.

J'ai dit qu'entre l'éther et la matière
élémentaire, il existoit des séries de
matière qui se succèdent en fluidité, et
qui par leur subtilité, peuvent pénétrer et remplir tous les interstices.

Parmi ces matières fluides, il en est
UNE essentiellement correspondante et
en continuité avec celle qui anime les

nerfs du corps animal, et qui se trouvant mêlée et confondue avec les différens ordres de fluides dont j'ai parlé, doit les accompagner, les pénétrer, et conséquemment participer de tous leurs mouvemens particuliers; ELLE devient comme le conducteur direct et immédiat de tous les genres de modifications qu'éprouvent les fluides destinés à faire impression sur les sens externes, et tous ces effets appliqués à la substance même des nerfs, sont ainsi rapportés à l'organe interne des sensations.

On doit concevoir par cet apperçu comment il est possible que tout le système des nerfs devienne *œil* à l'égard des mouvemens qui représentent les couleurs, les formes, les figures; *oreille* à l'égard des mouvemens qui expriment les proportions des oscillations de l'air; et enfin les organes du tact, du goût, de l'odorat pour les mouvemens produits par le contact immédiat des formes, des figures.

C'est encore en réfléchissant sur la ténuité et la mobilité de la matière, et l'exacte contiguité avec laquelle elle remplit tout espace, qu'on peut concevoir qu'il n'arrive aucun mouvement ou déplacement dans ses moindres parties, qui ne réponde, à un certain degré, à toute l'étendue de l'univers.

On en concluera donc, que comme il n'y a ni être ni combinaison de matière, qui, par les rapports sous lesquels ils existent avec l'ensemble, n'impriment un effet sur toute la matière environnante, et sur le milieu dans lequel nous sommes plongés ; il s'en suit que tout ce qui a une existence, peut être senti, et que les corps animés se trouvant en contact avec toute la nature, ont la faculté d'être sensibles aux êtres comme aux événemens qui se succèdent.

Indépendamment des impressions que les objets font sur nos sens, en raison de leurs figures et de leurs mouvemens, nous appercevons encore la sensation de l'*ordre* et des *proportions* qui s'y trouvent. Cette sensation est exprimée par diférentes dénominations selon les organes qui la reçoivent, tels le *beau* pour la vue, l'*harmonieux* pour l'ouïe, le *doux* pour le goût, le *suave* pour l'odorat, et l'*agréable* pour le tact. A partir de ces points de comparaison, il existe une multitude de nuances qui s'éloignent plus ou moins de la perfection.

Nous sommes doués d'une faculté de sentir dans l'harmonie universelle, les *rapports* que les *évènemens* et les êtres ont avec notre *conservation*. Cette faculté nous est commune avec les autres animaux, quoique nous en fassions moins usage que ceux-ci, parce que nous y substituons ce que nous appellons la *raison*, qui dépend absolument des sens externes. Nous appercevons de même, par le sens interne, les proportions non-seulement des surfaces, mais encore de leur structure intime ainsi que de leurs parties constitutives, et nous pouvons saisir soit l'*accord*, soit la *dissonance* que les substances ont avec notre organisation. Cette faculté est ce que nous devons nommer l'*instinct* : elle est d'autant plus parfaite cette faculté, qu'elle est indépendante des sens externes, qui pour en jouir, ont besoin d'être rectifiés l'un par l'autre , à cause de la différence de leur mécanisme.

C'est par l'extension ainsi expliquée de l'instinct , que l'homme endormi peut avoir l'intuition des maladies, et distinguer parmi toutes les subtances celles qui conviennent à sa conservation et à sa guérison.

Je puis expliquer de la même manière un fait qui paroîtra plus étonnant, *la communication de la volonté* , en effet cette communication ne peut avoir

lieu entre deux individus, dans l'état ordinaire, que lorsque le mouvement résul-
tant de leurs pensées, est propagé du
centre aux organes de la voix et aux
parties servant à exprimer les signes
naturels ou de convention : ces mouvemens sont alors transmis à l'air ou à l'é-
ther, comme milieux intermédiaires,
pour être reçus et sentis par les organes
des sens externe. Ces mêmes mouvemens ainsi modifiés par la pensée dans le
cerveau et dans la substance des nerfs,
étant communiqués en même-tems à
la série d'un fluide subtil avec lequel
cette substance des nerfs est en continuité, peuvent indépendamment et sans
le concours de l'air et de l'éther, s'é-
tendre à des distances indéfinies et se
rapporter *immédiatement* au sens in-

terne d'un autre individu. On concevra par là comment les volontés de
deux personnes peuvent se communiquer par leurs sens internes : par conséquent, comment il peut exister une
réciprocité, un accord, une sorte de
*convention* entre deux volontés, ce
qu'on peut appeller *être en rapport.*

Il paroît sans doute plus difficile
d'expliquer comment il est possible d'a-
voir le sentiment de faits qui n'existent
pas encore, ou d'autres entre lesquels
il s'est écoulé de longs intervalles.

Essayons d'abord de rendre cette idée
sensible par une comparaison prise dans
l'état ordinaire. Placez un homme sur
une éminence d'où il découvre une
rivière et un bateau qui en suit le
cours : il apperçoit du même coup-d'œil

l'espace déjà parcouru par ce bateau, et celui qu'il va parcourir. Etendez cette foible image d'un apperçu du passé et de l'avenir ; en vous rappellant que l'homme, étant par le sens interne en contact avec toute la nature, se trouve toujours placé de manière à sentir l'enchaînement des causes et des effets, vous comprendrez que voir le passé n'est autre chose que sentir la cause par l'effet, et que prévoir l'avenir, c'est sentir l'effet par la cause, quelque distance que nous puissions supposer entre la première cause et le dernier effet.

D'ailleurs tout ce qui *a été*, a laissé des traces quelconques ; de même ce qui *sera*, est déjà déterminé par l'ensemble des causes qui doivent le réa-

liser : ce qui conduit à l'idée que
dans l'univers tout est présent, et que
le passé et l'avenir ne sont que différentes relations des parties entre elles.

Comme ce genre de sensations ne
peut s'acquérir que par la médiation
des fluides, qui sont aussi supérieurs en
subtilité à l'éther, que celui-ci peut
l'être à l'air commun ; les expressions
me manquent autant, que si je voulois
expliquer les couleurs par les sons : il
faut y suppléer par les réflexions qu'on
peut faire sur les *pré-sensations* constantes des hommes et surtout des animaux
dans les grands événemens de la nature à
des distances inaccessibles pour leurs
organes apparens ; sur l'attrait irrésis-
tible des oiseaux et des poissons pour
des voyages périodiques ; et enfin sur

tous les phénomènes relatifs que nous présente le sommeil critique de l'homme.

Mais pourquoi dira-t-on , l'état du sommeil de l'homme est-il plus propre que celui de la veille à nous fournir ces exemples ?

Le sommeil naturel et parfait de l'homme est l'état ou les fonctions des sens sont suspendues; c'est-à-dire, ou la continuité du *sensorium commune* avec les organes des sens externes est interrompue : il s'en suit la cessation de toutes les fonctions, qui, médiatement ou immédiatement dépendent des sens externes : comme l'imagination, la mémoire, les mouvemens volontaires des muscles, des membres , la parole, etc. Lorsque l'homme est en santé, ce sommeil est régulier et périodique.

Mais par une sorte d'irrégularité dans l'économie animale, et par différentes irritations intérieures, il peut arriver que les fonctions qu'on nomme *animales* ne soient pas *entièrement* arrêtées, et que certains mouvemens des muscles, ainsi que l'usage de la parole soient entretenus chez l'homme endormi. Dans les deux états de sommeil, les impressions des matières ambiantes, ne se font pas sur les organes des sens externes, mais directement et immédiatement sur la substance même des nerfs. Le sens interne devient ainsi *le seul organe des sensations.* Ces impressions se trouvant indépendantes des sens externes, elles deviennent alors sensibles par cela même qu'elles sont seules. Comme la loi immuable des sensations, est que la plus forte efface la plus foible, celle-ci peut-être sensible dans l'absence d'une plus forte. Si l'impression des étoiles n'est pas sensible à notre vue pendant le jour comme elle nous l'est pendant la nuit, quoique leur action soit la même, c'est qu'elle est alors effacée par l'impression supérieure de la présence du soleil.

On peut dire que dans l'état de *sommeil*, l'homme sent ses rapports avec toute la nature. Comme nous ne pourrions avoir aucune idée des connoissances de l'homme le plus instruit, s'il ne parloit ou n'étoit pas entendu, je conviens qu'il seroit difficile de persuader l'existence de ce phénomène, s'il ne se trouvoit des individus qui, pendant leur sommeil et par l'effet d'une maladie ou d'une *crise*, conservent la faculté de nous rendre, tant par leurs actions que par leurs expressions , ce qui se passe en eux.

Supposons pour un moment un peuple qui, à l'instar de quelques animaux , s'endorme nécessairement au coucher du soleil, pour ne se réveiller qu'après son retour sur l'horison : il n'auroit aucune idée du magnifique spectacle de la nuit, et croiroit l'existence des choses bornée aux objets sensibles pendant le jour. Si dans cet état on apprenoit à ce peuple, qu'il existe au milieu de lui des hommes en qui cet ordre habituel a été troublé par des causes de maladies , et qui s'étant réveillés pendant la nuit, ont reconnu à des distances infinies des corps lumineux in-

nombrables , et pour ainsi dire de nouveaux mondes ; on les traiteroit sans
doute comme des visionnaires , en raison de la prodigieuse différence de leurs
opinions. Tels sont cependant aujour-
d'hui , aux yeux de la multitude , ceux
qui prétendent que dans le sommeil,
l'homme a la faculté d'étendre ses sensations.

L'état de crise dont je parle étant
*intermédiaire* entre la veille et le
sommeil parfait , il peut se rapprocher plus ou moins de l'une ou de
l'autre ; il est susceptible par là de divers degrés de perfection. Si cet état
est plus près de la veille , il participe
alors de la mémoire et de l'imagination ; il éprouve les effets des sens externes : ces impressions se trouvant

ainsi confondues avec celles du sens
interne au point quelquefois de les do-
miner, elles ne peuvent être considérées dans ce cas que comme des
*rêveries*. Mais lorsque cet état est le
plus rapproché du sommeil, les asser-
tions des somnambules étant alors le
résultat des impressions reçues directement par le sens *interne* à l'exclusion
des autres, on peut les regarder comme
fondées dans la proportion de ce rap-
prochement.

La perfection de ce sommeil critique
varie encore en raison de la marche
et du période de la crise, comme aussi
par le caractère, le tempérament, et
les habitudes des sujets; mais singuliè-
rement par une sorte d'éducation qu'on
peut leur donner dans cet état, et par

la manière dont on dirige leurs facultés : on peut les comparer à cet égard
à un télescope dont l'effet varie comme
les moyens de l'ajuster.

Quoique dans l'état du sommeil critique, la substance des nerfs soit affec-
tée immédiatement , en sorte que
l'homme n'agisse que d'après le sens
interne, néanmoins les *effets* de diverses matières sont rapportés aux organes des sens internes qui leur sont
particulièrement destinés ; ainsi quand
le somnambule dit qu'il voit, ce ne sont
pas ses yeux proprement dit, qui sen-
tent les modifications de l'*éther*; mais
il rapporte à la *vue* les impressions
qui lui représentent les mouvemens de
la lumière, telles que les formes, les
figures , les couleurs, les situations.

Lorsqu'il dit qu'il entend, ce n'est pas non plus par les oreilles qu'il reçoit les modulations de l'air ; mais il rapporte simplement à l'ouïe ces *mouvemens* relatifs dont il éprouve l'impression. Il en est de même des autres organes, et il fait ainsi une sorte de traduction pour exprimer ses idées dans la langue formée pour le sens interne. Il s'en suit que comme il fait toujours usage d'une langue qu'on peut dire empruntée, il est facile de s'y méprendre, et qu'il faut l'expérience d'un bon observateur pour l'entendre et le bien interpréter.

Je dois dire encore que la perfection de cette sensation, dépend essentiellement de deux conditions: l'une est la suspension totale de l'action des sens externes; l'autre est la disposition de l'organe du sens interne.

Lorsque j'ai dit que cet organe consiste dans l'union et l'entrelacement des nerfs, je n'ai pas entendu que ce fut un seul point ou centre unique, ni une région circonscrite, mais bien le système nerveux en entier; c'est-à-dire l'ensemble composé de tous les points de réunion, tels que le cerveau, la moëlle - épinière, les plexus et les ganglions. Ces différentes parties, à l'égard de leurs fonctions, peuvent être considérées, séparément ou dans leur ensemble, comme différens instrumens de musique, dont l'harmonie dépend de leur parfait accord, ou être comparées aux effets que produiroit à nos yeux une glace exposée à différentes directions, dont la surface seroit plus ou moins polie, terne, enveloppée de vapeurs ou même brisée. Je puis enfin pour me rapprocher encore plus de la vérité, et donner une juste idée de la perfection du sens interne, considérer tous les points qui le constituent comme étant soumis à la même loi, dépendans les uns des autres, et tendans également à former un tout bien ordonné; je puis, dis-je, les comparer à un liquide dont toutes les parties étant en équilibre parfait et offrant une surface exactement unie, sont capables de retracer fidèlement tous les objets. Comme il est clair que tout changement dans cet équilibre et dans ses proportions doit en altérer les effets; de même la perfection des sensations est toujours altérée dans la proportion des troubles qui agitent le corps animal dans les maladies, et dans les momens de crises.

Il est essentiel de dire ici, que tous les genres d'aliénation de l'esprit ne sont que des nuances d'un sommeil imparfait. La folie, par exemple, existe lorsque divers viscères sont tellement obstrués, que leurs fonctions sont suspendues, et qu'ils sont par conséquent réduits à un état *soporeux*, tandis que les organes naturels du sommeil sont dans une action continuelle et irrégulière, et que le sommeil ainsi déplacé occupe les parties affectées par la maladie. La guérison peut s'opérer alors par l'action du magnétisme animal ; les obstructions et les obstacles qui s'opposoient à l'harmonie du *sensorium commune*, seront levés, et ces parties retirées de leur état soporeux, de manière que le sommeil nécessaire soit pour ainsi dire transporté aux organes destinés aux fonctions animales et à celles des sens.

On voit combien il est important de distinguer dans les maladies, le sommeil symptomatique, du sommeil critique.

Par une suite de ces explications et de ce que j'ai dit des anciens préjugés, il est aisé d'entrevoir à combien d'erreurs et d'abus s'exposent les observateurs de cet état, lorsqu'ils lui accordent une confiance trop étendue.

Il me reste encore à dire pourquoi l'état de somnambulisme est plus fréquent et présente plus de perfection depuis qu'on employe mes principes : la raison en est que le magnétisme détermine un mouvement tonique , qui pénetre toutes les parties du corps , en vivifie les nerfs , et ranime le jeu de tous les ressorts de la machine. J'ai déjà comparé cette action à celle d'un courant d'eau ou d'air dirigé sur les parties mobiles d'un moulin : c'est cette action qui provoque les crises nécessaires à la guérison de toutes les maladies : ces crises participent le plus souvent du sommeil dont j'ai parlé ; et comme l'action qui les a produites tend à rétablir l'harmonie dans tous les organes et viscères, elle produit aussi nécessairement l'effet inséparable de *perfectionner les sensations.* Enfin les facultés de l'homme sont manifestées par les effets du magnétisme, comme les propriétés des autres corps sont développées par les procédés du feu gradué employé par la chymie.

Il résulte de ces principes et de ces développemens, que les anciennes opinions ne sont pas à dédaigner, parce qu'elles sont associées à quelques erreurs; que les phénomènes du somnambulisme ont été apperçus de tous tems, et dénaturés selon les préjugés du siècle auquel ils appartenoient; que l'homme a toujours été imparfaitement connu, surtout dans son état de maladie; et que les facultés extraordinaires, qui se manifestent en lui, ne doivent être regardées que comme

*l'extension de ses sensations et de
son instinct.*

D'après tout ce que je viens de faire
connoître du magnétisme comme *agent*
direct et immédiat sur les nerfs et sur
la fibre musculaire, instrumens des
sensations et du mouvement dans le
corps animal; d'après les preuves que
j'ai établies que c'est dans l'action
seule de la fibre animée par ce même
agent, que réside la cause générale
de la qualité des humeurs, ainsi
que de leur circulation ; que c'est
enfin lui, qui dans tous les cas de maladie, en déterminant des crises salutaires, rectifie les aberrations dans les
fluides et dans les solides; on comprendra que je suis fondé à le considérer
comme moyen *unique* et *universel* de

préserver des maladies, et d'en obtenir la guérison ; toutefois lorsqu'elle n'est pas devenue absolument impossible : comme lorsque des parties du corps sont désorganisées ou détruites, ou que l'individu malade est privé des ressources essentielles à l'action de la machine et au jeu de l'économie animale.

Car quoiqu'on puisse affirmer que l'application du magnétisme suffit pour opérer la cure de *toute espèce* de maladies, il seroit insensé de prétendre guérir de même *tous* les individus malades. Il faut donc prendre dans le sens possible ce que j'appelle l'*universalité* de ce moyen de guérir.

Toute cause physique suppose certaines conditions nécessaires pour que l'effet puisse avoir lieu. Dans les cas dont je viens de parler, comment réussiroit-on s'il existe des obstacles qui empêchent l'action de la cause?

Cette loi de la nature, est ce qui rend indispensable pour la pratique du magnétisme, une théorie saine de l'économie animale, et le secours des lumières que donne l'étude de la médecine.

Pourquoi cette découverte annoncée depuis 20 ans, soutenue des épreuves les plus authentiques, défendue par les hommes les plus estimables, par les faits les plus multipliés dans toutes les parties de la France ; pourquoi, dis-je, une découverte si importante par son étendue et si précieuse par ses effets, n'a-t-elle produit qu'une opinion si incertaine ? C'est que mes as-

sertions, les procédés et les effets apparens du magnétisme animal sem-
bloient rappeller d'anciennes opinions,
d'anciennes pratiques justement regardées depuis long-tems comme des erreurs
et des jongleries. La plupart des hommes consacrés aux sciences et à l'art
de guérir, n'ont considéré ma découverte que sous ce point de vue : entraînés par ces premières impressions,
ils ont négligé de l'approfondir. D'autres excités par des motifs personnels,
par l'intérêt de corps, n'ont voulu voir
dans ma personne qu'un adversaire
qu'ils devoie..t abattre. Pour y parvenir, ils ont d'abord employé l'arme
si puissante du ridicule, celle non moins
active et plus odieuse de la calomnie;
enfin la publicité immodérée d'un rap-

port qui sera dans tous les tems un monument peu honorable pour ceux qui ont osé le signer. D'autres personnes, enfin, et le nombre en est assez grand, convaincues, soit par leurs propre expérience, soit par celle d'autrui, se sont exaltées et livrées à de telles exagérations qu'elles ont rendu tous les faits incroyables. Il en est résulté pour la multitude foible et sans instruction, des illusions et des craintes sans fondement. Voilà quelles ont été jusqu'à présent les sources de l'opinion publique contre ma doctrine.

Supérieur à tant d'obstacles et de contradictions, j'ai cru nécessaire au progrès des sciences, plus encore au succès du magnétisme, de publier mes idées sur l'organisation et l'influence respective des corps. J'abandonne volontiers ma théorie à la critique : déclarant que je n'ai ni le tems ni la volonté de répondre. Je n'aurais rien à dire à ceux qui, incapables de me supposer de la droiture et de la générosité, s'attacheroient à me combattre avec des dispositions purement hostiles, ou sans rien substituer de mieux à ce qu'ils voudroient détruire ; et je verrois avec plaisir de meilleurs génies remonter à des principes plus solides, plus lumineux ; des talens plus étendus que les miens découvrir de nouveaux faits, et rendre par leurs conceptions et leurs travaux, ma découverte encore plus intéressante : en un mot, je dois désirer que l'on fasse mieux que moi. Il sufira toujours à ma gloire d'avoir pu ouvrir un vaste champ aux calculs de la science, et d'avoir en quelque sorte tracé la route de cette nouvelle carriére.

Déjà fort avancé dans celle de la vie, je veux consacrer ce qui me reste d'existence *à la seule pratique* d'un moyen que j'ai reconnu éminemment utile à la conservation de mes semblables, afin qu'elle ne soit plus désormais exposée aux chances incalculables des drogues et de leur application.

# F I N.

# NOTICE

*De quelques autres ouvrages dont le cit.*
Fuchs, *libraire, rue des Mathurins S.-*
*Jacques, maison de Cluny, à Paris, vient*
*de se rendre éditeur.*

Œuvres complettes du Cardinal de Bernis ; Paris,
l'an VI ( 1798 ), 3 v. in-4 d'environ 300 p. chacun , sur
pap. d'Angoulême, broché 30 fr. , et 36 fr. de port.

Idem. , sur pap. vél. azuré , br. en cart. 36 fr. , et
42 fr. de port.

*Des Glaires , de leurs Causes, de leurs Effets , et Médi-*
*cament* propre à combattre cette humeur. Par J. L.
Doussin-Dubreuil , Docteur en Médecine. Un vol in-8,
quatrième édition , revue, corrigée , et considérable-
ment augmentée par l'Auteur, 2 fr. , et 2 fr. 60 cent.
fr de port.

Les deux ouvrages suivans sont du même auteur.

*De l'Epilepsie* en général , et particulièrement de
celle déterminée par des causes morales. Un vol. in-8,
3 fr. , et 4 fr. par la poste.

*De la Gonorrhée Bénigne ou sans virus Vénérien , et des*
*Fleurs Blanches*, 1 vol. in-8, 1 fr. 80 cent. , et 2 fr. 35
cent. franc de port.

Annales de Chymie, par les cit. Guyton, Monge,
Berthollet, Fourcroy, Adet, Hassenfratz, Séguin,

Vauquelin, C. A. Prieur, Chaptal et Van Mons. — Nivôse, an VII, à Frimaire an VIII, inclusivement (l'année 1799, vieux style). Prix de la souscription, 15 fr. par an, pour Paris, et 18 fr. franc de port, pour les départemens; et 7 fr. 50 cent. pour six mois, et 9 fr. franc de port. Il continuera à paroître régulièrement le 30 de chaque mois, un numéro de sept feuilles d'impression, et des figures lorsque la matière l'exigera.

On adressera les lettres et l'argent, franc de port, au cit. Fuchs.

Les 28 premiers vol. valent 100 fr.

*Considérations Philosophiques* sur la révolution Française, ou Examen des causes générales et des principales causes immédiates qui ont déterminé cette Révolution, influé sur ses progrès, contribué à ses déviations morales, à ses exagérations politiques, par le cit. Lachappelle, 1 vol. in-8, de 400 pag., 3 fr. et 4 fr. par la poste.

Essai sur la Poésie et sur la Musique, considérées dans les affections de l'ame; traduit de l'anglais de James Béattie, professeur de morale, de Philosophie et de Logique, au collége Maréchal de l'Université d'Aberdeen, 1 vol. in-8 de près de 400 pages, 3 fr. et 4 franc par la poste.

SERVICE  PHOTOGRAPHIQUE

www.ingramcontent.com/pod-product-compliance
Lightning Source LLC
Chambersburg PA
CBHW051733090426
42738CB00010B/2243